另类海洋生物

蓝灯童画　著绘

读者出版传媒股份有限公司
甘肃科学技术出版社

你知道吗？地球上已知的动植物中，有超过 1/4 的物种生活在海洋里，如此多的海洋生物是如何共同生活的呢？

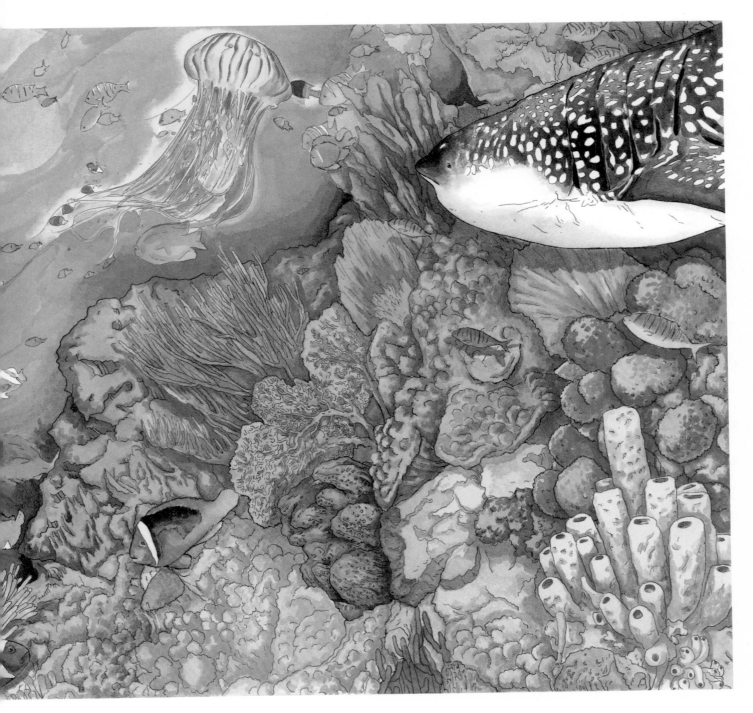

　　建立伙伴关系是海洋动物的重要生存手段。有的靠"强者"获得生存机会，有的靠"弱者"提供必要的支援，有的则会相互依存。

无论鲨鱼、鲸鱼，还是人类的小船，鮣鱼都可以用头顶的吸盘吸附在下面"搭便车"。

鮣鱼头顶的吸盘

鮣（yìn）鱼可能是世界上最懒的鱼，它游泳能力特别差，靠吸附在其他大型鱼类身上周游海底世界。作为回报，鮣鱼会帮助寄主清理皮肤表面的寄生虫。

鼓虾的视力极差，眼睛几乎只能感受到光线的变化，看不清敌人。

鼓虾挖出一个洞后，会邀请游泳能力不强的虾虎鱼同住。

鼓虾外出时会将一根触须搭在虾虎鱼身上，当危险靠近时，虾虎鱼一动，鼓虾就逃回洞中。

鼓虾和虾虎鱼共同居住在海底的小洞里，鼓虾负责挖洞，虾虎鱼负责警戒。

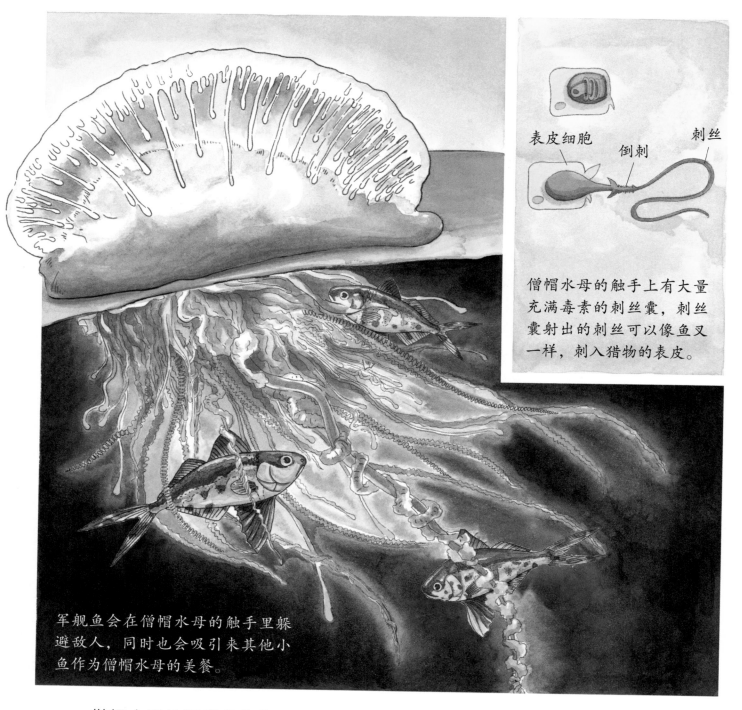

表皮细胞　　倒刺　　　刺丝

僧帽水母的触手上有大量充满毒素的刺丝囊，刺丝囊射出的刺丝可以像鱼叉一样，刺入猎物的表皮。

军舰鱼会在僧帽水母的触手里躲避敌人，同时也会吸引来其他小鱼作为僧帽水母的美餐。

僧帽水母的浮囊很像僧侣的帽子。它的腹部垂着一条条会分泌毒素的触手，触手可长达数十米。

清洁虾是一种以鱼类身上的死皮和寄生虫为食的虾类，它是石斑鱼的"口腔医生"。

豹纹海鳝的身上出现寄生虫，"皮肤科医生"裂唇鱼很快就来"治疗"了。

　　海洋中有很多"医护站"，那里的"鱼医生"和"虾医生"尽职尽责，不辞辛苦地为海洋动物们清理身体上的寄生虫、坏死组织和黏液。

小丑鱼身体表面有特殊的黏液，即使生活在有毒的海葵中间也不会中毒。

　　海葵和小丑鱼是海洋中的绝佳搭档，海葵保护小丑鱼免受其他大鱼的攻击，小丑鱼帮助海葵清洁身体，吸引猎物。

拳击蟹像啦啦队员一样挥舞着两只螯足上的海葵。

拳击蟹虽然没有像其他蟹那样巨大的螯足，但聪明的拳击蟹会抓住小海葵作为武器，就像给自己戴上了一副"拳击手套"，可以轻松吓退掠食者。

寄居蟹的"房子"除了海螺壳，还有贝壳、蜗牛壳，在生态环境很恶劣的地方，它们甚至会用空瓶子和空罐头充当"房子"。

寄居蟹长得既像虾，又像蟹。刚出生时，身体柔软且没有保护铠甲，非常害怕敌人的攻击，所以它会寄居在坚硬的空海螺中，以此保护自己。

海葵

当寄居蟹觉得自己的家不够大时，会选择更大一些的海螺壳作为新家，搬家时也不忘带上自己的"老邻居"——海葵。

有些寄居蟹为了加强防御，会找来海葵做"邻居"。海葵粘在寄居蟹的壳上，用有毒的触手保护寄居蟹，寄居蟹也会载着行动不便的海葵在大海中自由旅行。

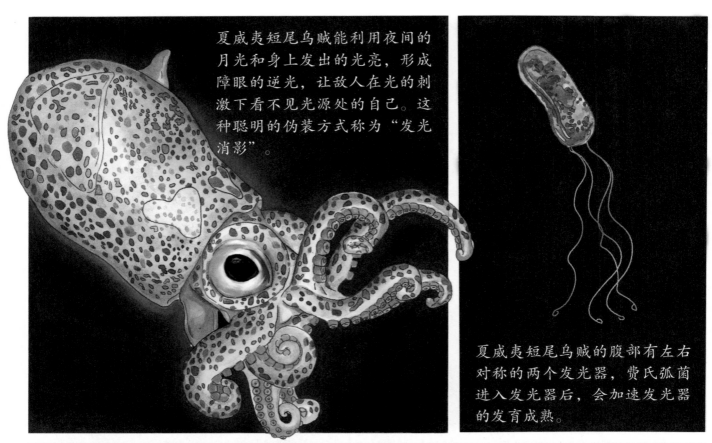

夏威夷短尾乌贼能利用夜间的月光和身上发出的光亮,形成障眼的逆光,让敌人在光的刺激下看不见光源处的自己。这种聪明的伪装方式称为"发光消影"。

夏威夷短尾乌贼的腹部有左右对称的两个发光器,费氏弧菌进入发光器后,会加速发光器的发育成熟。

大量夏威夷短尾乌贼聚集在海面,犹如海上的银河。

夏威夷短尾乌贼在费氏弧菌(一种发光细菌)的协助下能发出微光,就像穿了一件"隐身衣"。

浮游生物

发光细菌住在灯眼鱼眼睛下方的发光器里，它们靠灯眼鱼血液里的养分生存，并发出光亮，为灯眼鱼引来浮游生物当晚餐。

灯眼鱼可以控制发光器，调节发光的频率，随心所欲地"开灯"和"关灯"。

灯眼鱼通过与发光细菌合作，发出闪光信号来觅食。进食时会由闪光切换为持续发光。

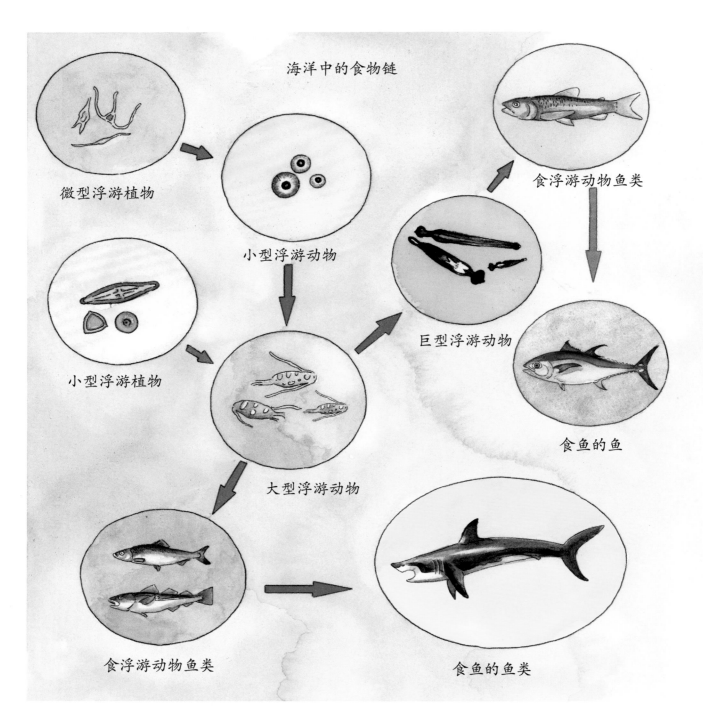

海洋中的食物链

微型浮游植物

小型浮游动物

小型浮游植物

大型浮游动物

巨型浮游动物

食浮游动物鱼类

食鱼的鱼

食浮游动物鱼类

食鱼的鱼类

俗话说："大鱼吃小鱼，小鱼吃虾米。"海洋中的食物链很复杂，危险无处不在。

棱皮龟没有牙齿，但是喉咙里长着锐利的倒刺，可以磨碎食物。

棱皮龟的视力不好，常常把海面漂浮的塑料袋或者其他垃圾当作水母吃进肚里，造成肠道阻塞而死亡。海洋环境的破坏导致棱皮龟种群数量锐减。

　　棱皮龟体长近 3 米，是地球上现存最大的海龟。雌龟在夜间把卵产在挖好的沙坑里，幼龟破壳后会直奔大海。在途中，幼龟会遭遇海鸟等敌人的袭击，存活率很低。

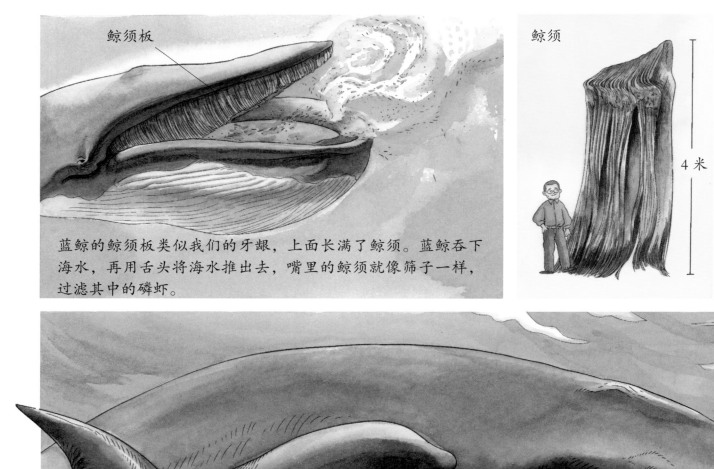

鲸须板

鲸须

蓝鲸的鲸须板类似我们的牙龈，上面长满了鲸须。蓝鲸吞下海水，再用舌头将海水推出去，嘴里的鲸须就像筛子一样，过滤其中的磷虾。

4 米

蓝鲸食量惊人，在夏季觅食期，一头蓝鲸每天要吃掉约 400 万只磷虾。

虎鲸虽然外表可爱，
但它们性情凶猛。

虎鲸的家庭关系非常紧密，它
们用声音相互交流，集体捕猎。

虎鲸根本不怕蓝鲸这个"大块头"，当虎鲸发现一对蓝鲸母子后，会想尽
办法将它们分开，然后再攻击落单的蓝鲸宝宝。

鲨鱼号称海洋霸主，但遇到太平洋巨型章鱼，谁输谁赢可就不一定了。

太平洋巨型章鱼不仅体形巨大，还善于伪装自己，通过特殊的色素细胞改变身体的颜色，与周围的珊瑚、岩石融为一体。

章鱼有三个心脏，它们的血液里含有铜，血液是蓝色的。

豹鳎有 240 个毒腺，分布在背鳍和臀鳍基部。

一旦受到威胁，毒腺就会分泌出毒液，并四处扩散形成厚度达 10 厘米以上的防护圈，效果可以维持 28 个小时以上。

　　豹鳎（tǎ）能分泌出一种乳状毒液，用于捕食和驱逐敌人。这种毒液对于鲨鱼来说毒性格外强烈，是天然的防鲨材料。

体积变大和硬刺使一些小型天敌无法下口。

平时，硬刺贴在身上。

遇到危险时，硬刺会立起来。

刺鲀遇到危险时，会迅速吞入大量海水或空气，鼓成一个"刺球"。

扳机鱼捕食海胆时，会先吸入一口水再猛地喷出，把海胆掀翻，让它露出无刺的底部。

扳机鱼领地意识很强，会攻击任何入侵者。它的巢区呈倒圆锥状，因此，如果你在水下误入扳机鱼的领地，一定不要向上游，而是横着游出它的领地。

扳机鱼的牙十分坚硬，咬合力极强，可以轻易咬碎珊瑚。

人类的活动深深影响着海洋的生态系统和海洋生物的多样性。

　　海洋生物之间除了共生、敌对关系外，还会相互竞争，正是这些复杂又微妙的关系塑造了如此多姿多彩的海洋世界。

人类应该与海洋和谐共处，保护海洋生物和海洋生态系统。

海胆

雄性和雌性海胆从体内分别排出精子和卵子，1~2分钟后它们相遇，形成了受精卵。

很快，它们圆圆的身体有一端凹陷了下去，逐渐发育出消化系统。

海胆生活在海底，浑身长满尖刺。很少有人知道它们小时候是什么样子。

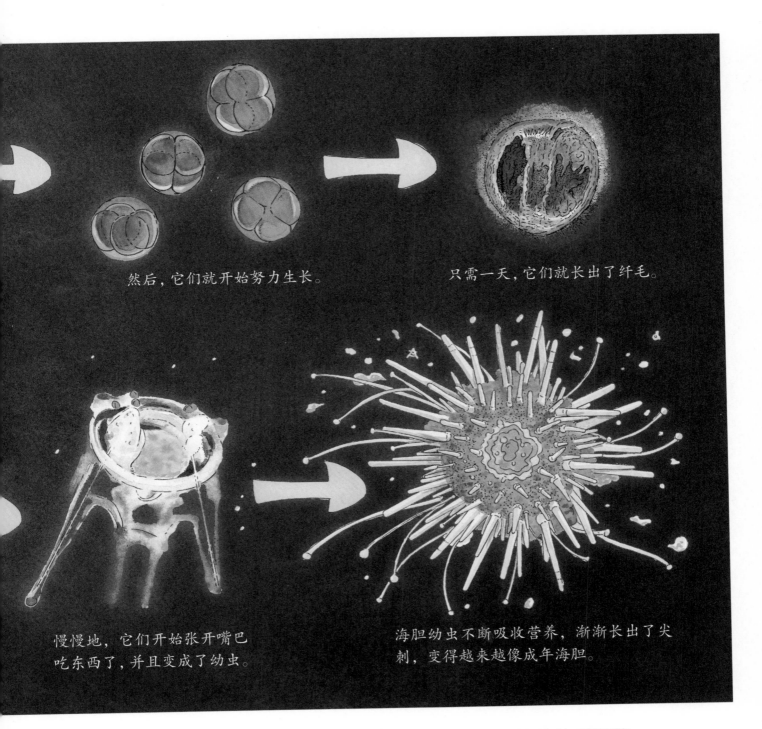

然后，它们就开始努力生长。

只需一天，它们就长出了纤毛。

慢慢地，它们开始张开嘴巴吃东西了，并且变成了幼虫。

海胆幼虫不断吸收营养，渐渐长出了尖刺，变得越来越像成年海胆。

海胆需要 20 天才能长大，这期间，许多小海胆会一起在海里游荡。

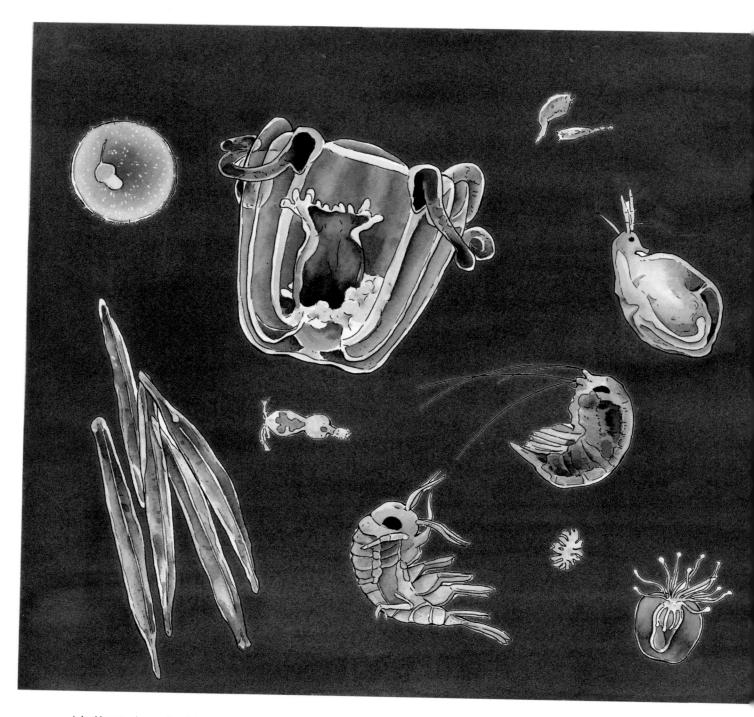

　　这些千奇百怪的海洋生物中，有一些终生随洋流漂泊；还有一些像海胆一样长大后会变样。这些无法自由移动的漂流生物叫浮游生物。

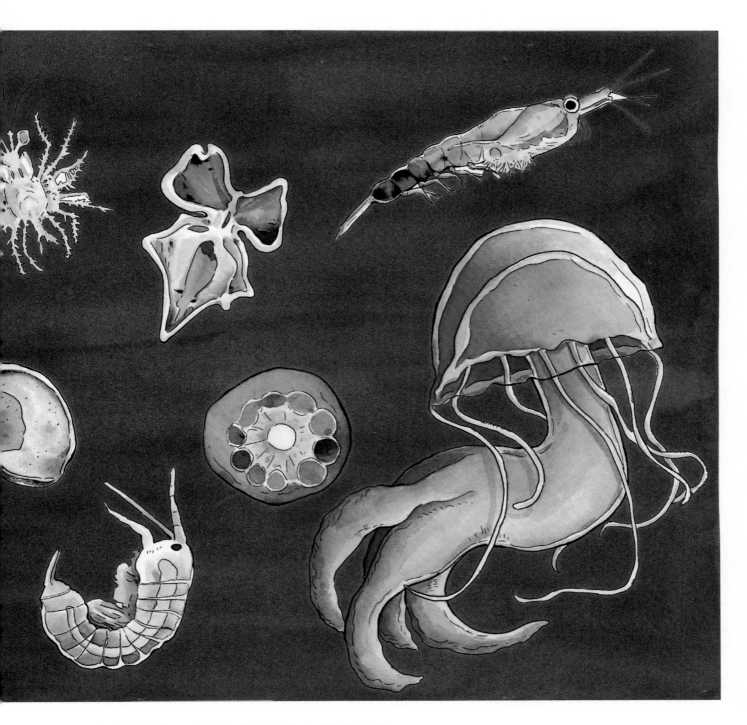

浮游生物可分为浮游植物和浮游动物。

浮游生物的体形大小不一，有的比头发丝还细，有的比蓝鲸还长。

硅藻是一种单细胞藻类，它极其微小，只有十几微米到几十微米，用显微镜才能看得到。

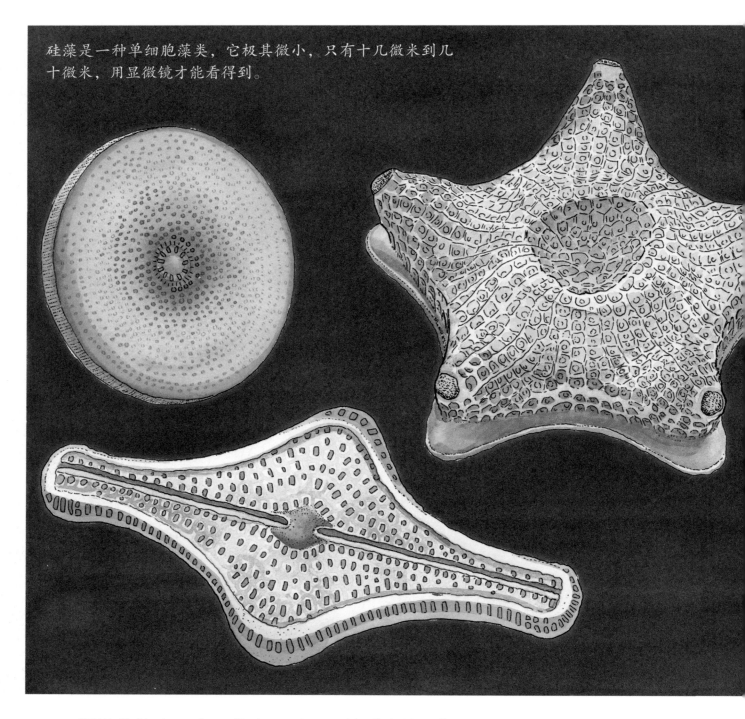

　　浮游生物中，有一些肉眼看不见的"小精灵"，它们至少在几千万年以前就已经存在了。

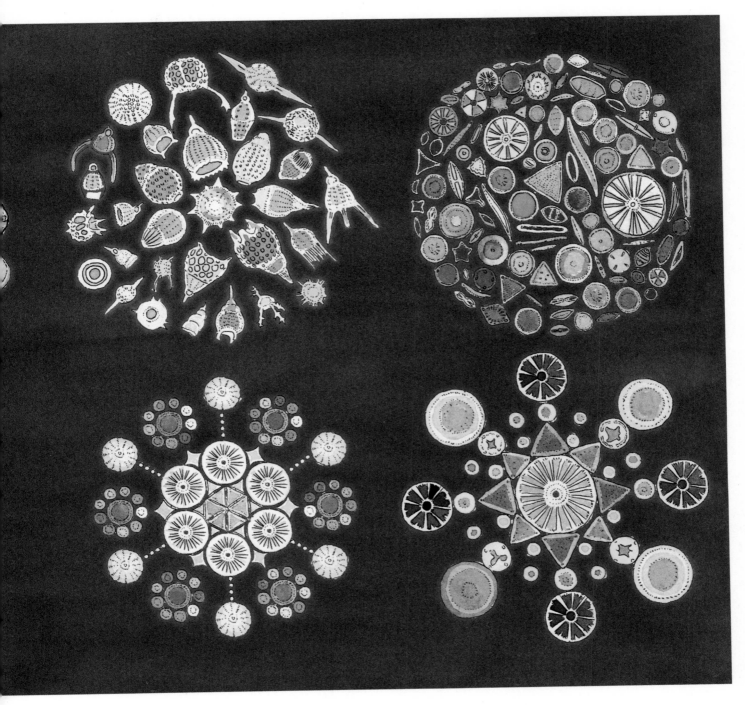

硅藻因外壳含有丰富的硅质而得名。让我们跟显微镜下的它们打个招呼吧!

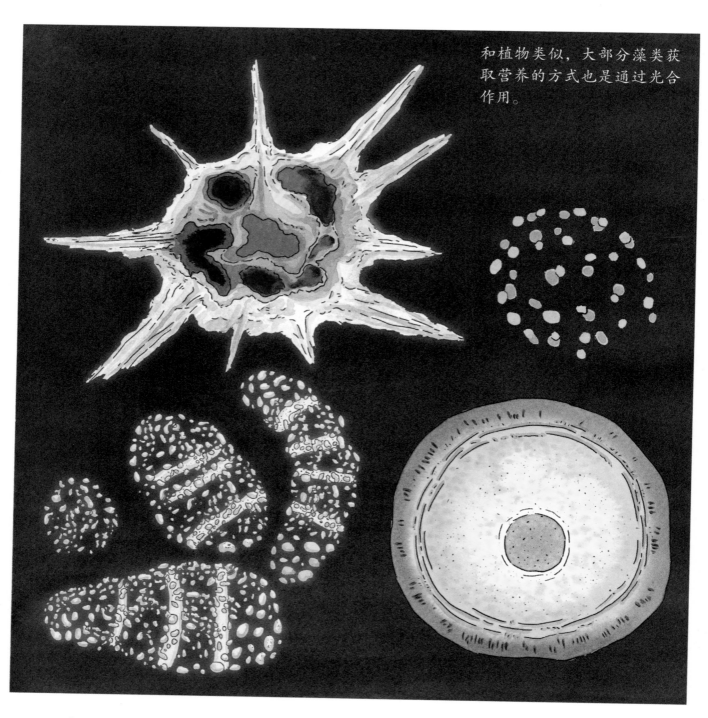

和植物类似，大部分藻类获取营养的方式也是通过光合作用。

有些浮游生物特别喜欢晒太阳。

角藻是单细胞生物。它们外形独特，有两根鞭毛，鞭毛可以给它提供动力。

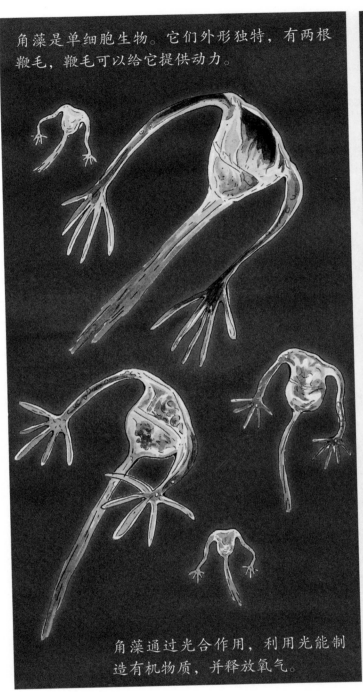

角藻通过光合作用，利用光能制造有机物质，并释放氧气。

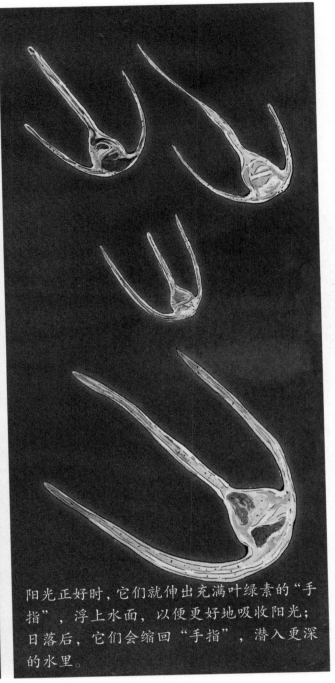

阳光正好时，它们就伸出充满叶绿素的"手指"，浮上水面，以便更好地吸收阳光；日落后，它们会缩回"手指"，潜入更深的水里。

"啊——阳光真舒服！"

角藻们纷纷从水里浮了起来，伸出绿绿的小手，拥抱阳光。

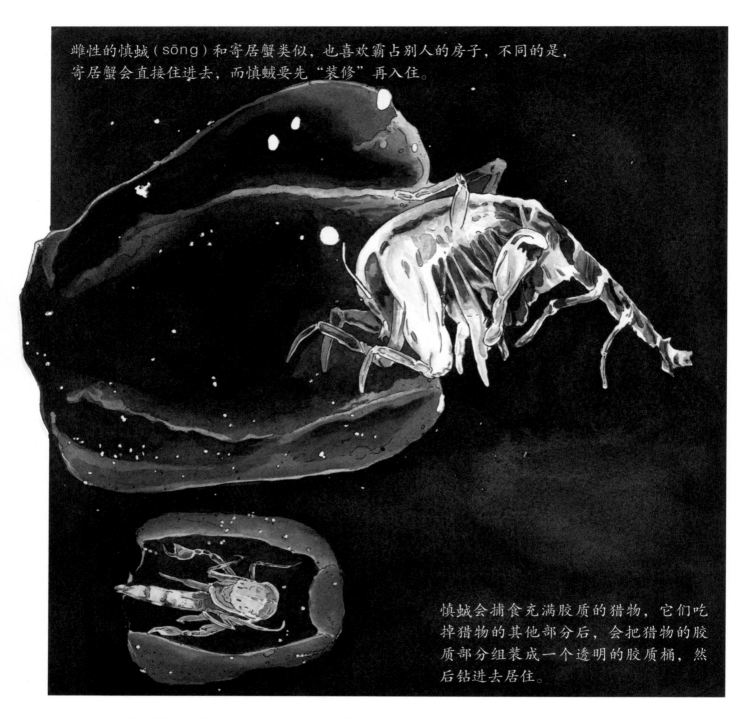

雌性的慎螋（sōng）和寄居蟹类似，也喜欢霸占别人的房子，不同的是，寄居蟹会直接住进去，而慎螋要先"装修"再入住。

慎螋会捕食充满胶质的猎物，它们吃掉猎物的其他部分后，会把猎物的胶质部分组装成一个透明的胶质桶，然后钻进去居住。

有些浮游生物还会给自己"盖"房子呢！

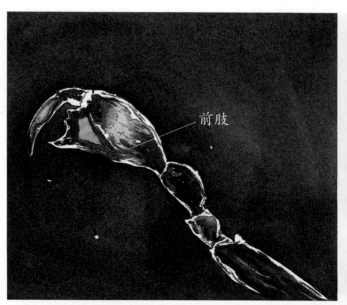

前肢

随着身体越来越大，慎蛾建造的房子也越来越大。它在房子里产卵，并悉心照料小宝宝。

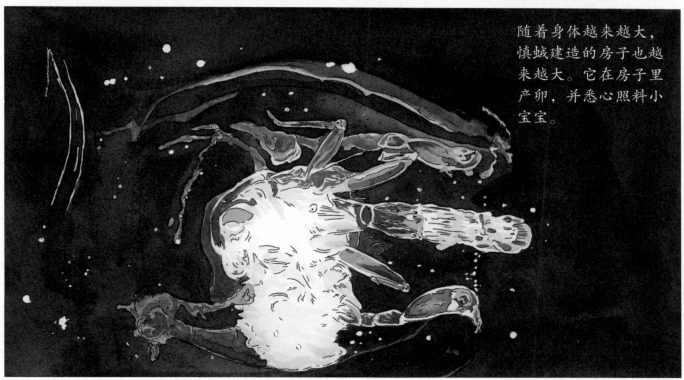

慎蛾用前肢牢牢抓住房子，用布满刚毛的后腿游泳和捕猎。

尾海鞘的生命很短暂，只有数日，它形似蝌蚪，通过
甩动尾巴前进，以藻类、细菌等为食。

　　跟慎蛾一样，尾海鞘（qiào）也会"盖"房子，但它的房子可不是用猎物"盖"
的。尾海鞘住在自己盖的"泡泡屋"里。

尾海鞘会分泌黏液，建造滤食器。它游动时，"渔网"会张开，捕获浮游生物。

浮游植物固定了大量的碳元素，它们又被尾海鞘捕食。最终大量的碳元素会随着废弃的"房子"沉入海底。

尾海鞘的"泡泡屋"叫滤食器，这既是它的家，也是它的"渔网"。当滤食器被食物颗粒堵塞后，它会果断扔掉旧"房子"，再造一个新的。

樽海鞘身体外面包裹着透明的膜，两端各有一个开口，
靠过滤水中的微小浮游生物为食。

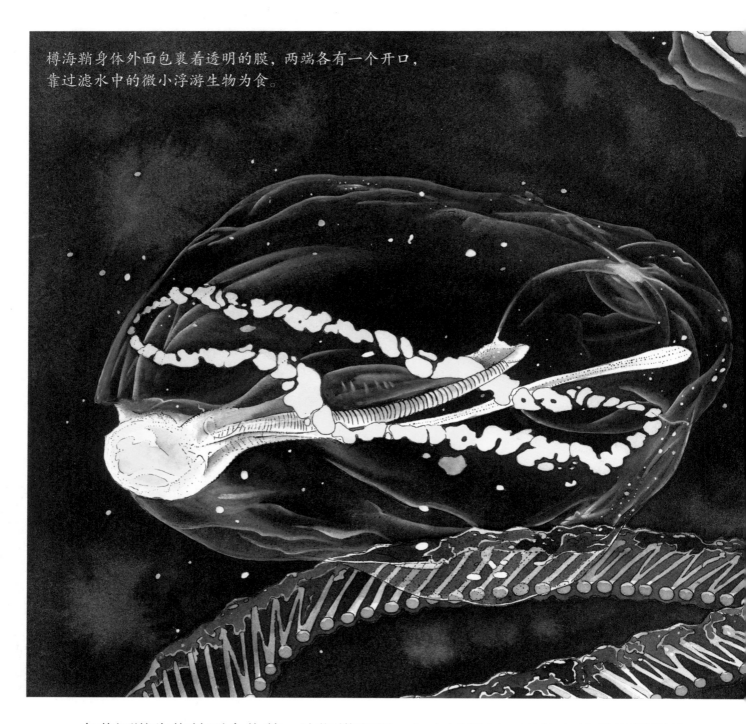

　　有些浮游生物特别会伪装，比如樽海鞘。与水母类似，它的身体是半透明的，
既方便捕获猎物，还能躲避危险。

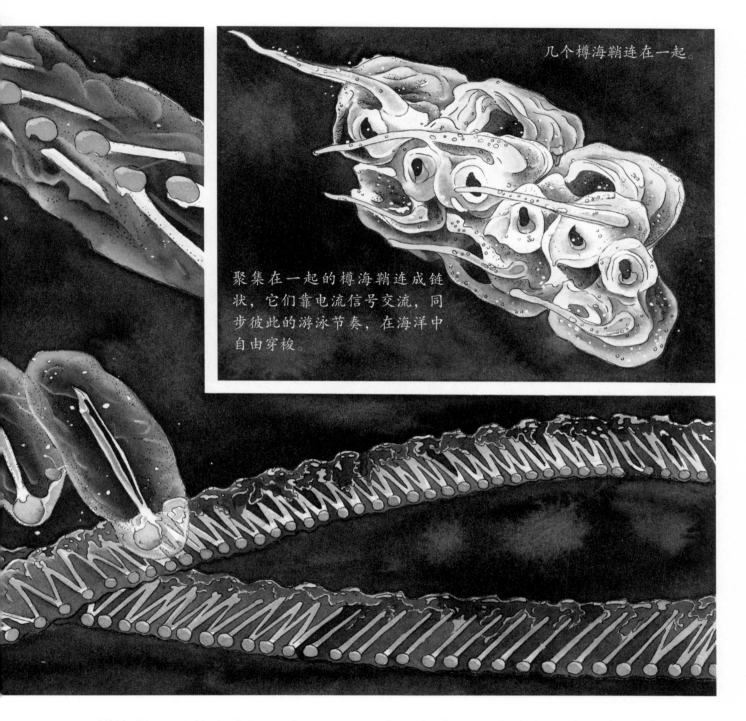

几个樽海鞘连在一起。

聚集在一起的樽海鞘连成链状，它们靠电流信号交流，同步彼此的游泳节奏，在海洋中自由穿梭。

樽海鞘可以独自生活，也可以跟同类一起生活。当它们聚在一起时会连成一条长长的"项链"。

裸海蝶

它们的足长得像翅膀，能让它们在水中自由游动。

翼足类动物是半透明的浮游软体动物，不需要借助任何工具，就能看到它们的内部结构。

这是什么？会飞的小陀螺吗？

原来是会游泳的裸海蝶！因为这透明的身体，人们还称它为"冰海天使"。

翼足类有的有壳，有的没壳，但共同的特征是身体两侧各有一只"翅膀"。

蟠虎螺

一只裸海蝶正在捕食蟠虎螺。

可不要被裸海蝶可爱的样子欺骗了，实际上，它可凶猛了。

侧腕水母，是栉水母的一种，因触手位于身体两侧而得名。这些弹珠般大小的生物还有另一个名字——海醋栗。它们是已知最古老的拥有神经感觉系统的物种。

侧腕水母用长长的、黏黏的触手捕捉浮游动物，然后将猎物拖入口中。

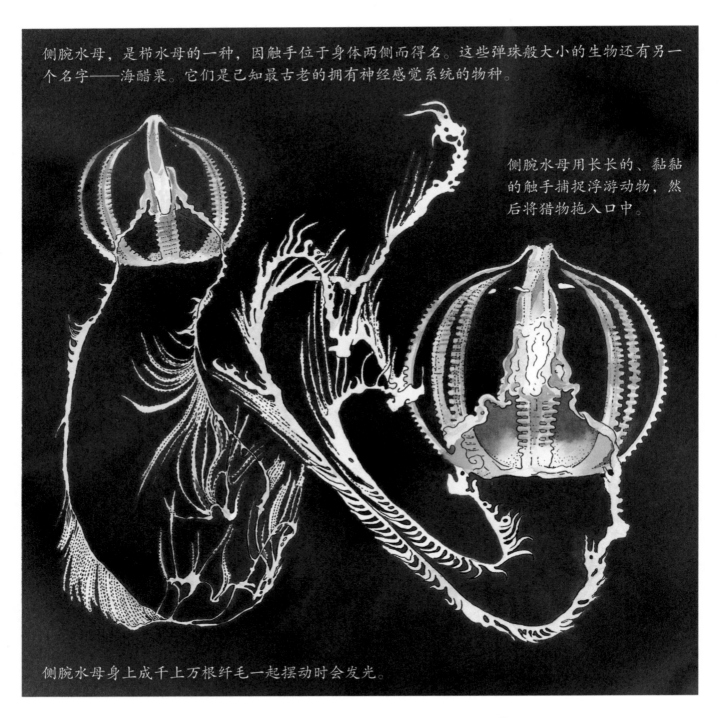

侧腕水母身上成千上万根纤毛一起摆动时会发光。

"一闪一闪亮晶晶"，这些自带炫彩特效的"小灯笼"是谁呢？

半球美螅水母身长 5~20 毫米，是一种极小的透明水母。

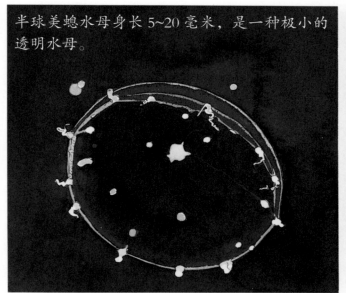

半球美螅水母生命中的某个阶段，会待在一个地点生活。它们中有一些专门负责生宝宝，还有一些长着长长的触手，专门负责捕捉猎物。

猎物

触手

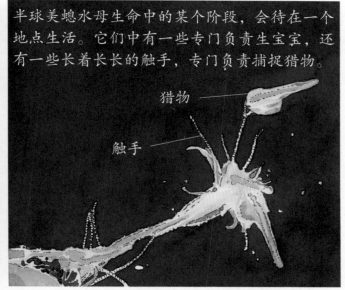

漂浮的半球美螅水母卵附着在水藻或贝壳上后，形成了新的水螅群落。

水母卵

黄昏，一种半球形浮游生物诞生了。它们是半球美螅水母，一生都在海洋中走走停停。

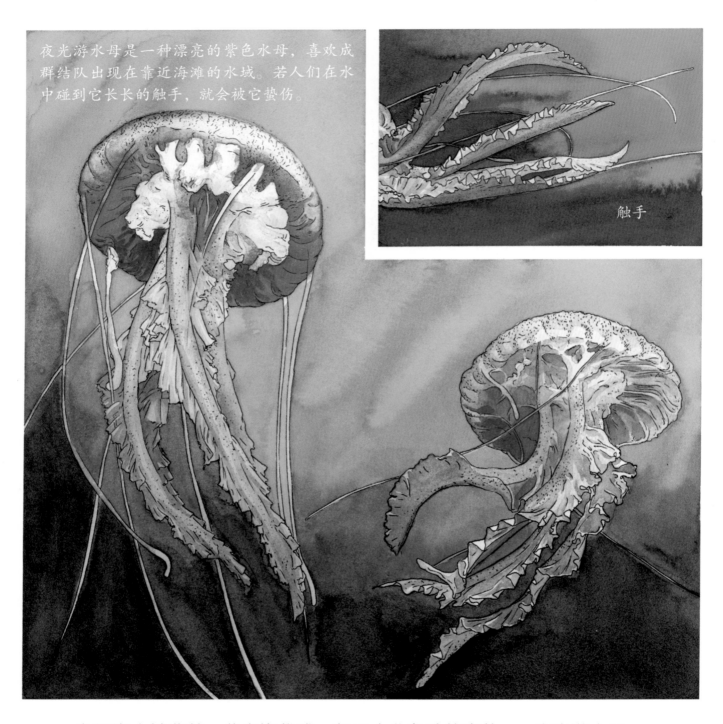

夜光游水母是一种漂亮的紫色水母，喜欢成群结队出现在靠近海滩的水域。若人们在水中碰到它长长的触手，就会被它蜇伤。

触手

在近海水域藏着一些身姿优雅，却又十分危险的家伙——夜光游水母。

夜光游水母的受精卵会快速长成
火箭状的幼虫。

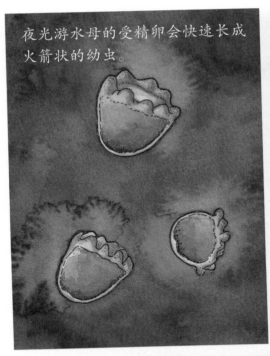

一周后，幼虫变成了一朵朵"小花"，有8个"花瓣"，
嘴巴是"花蕊"。这时，小家伙们已经能捕食小虾了！

接着，触手和感觉器官也慢慢长成。在嘴巴周围长出4条长长的触手，
新一代夜光游水母就闪亮登场啦！

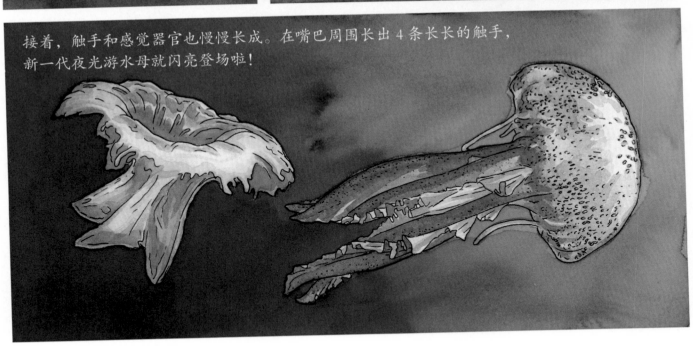

它们的曼妙身姿是如何长成的呢？

管水母是一类胶质浮游生物，它们表面上像单个水母，实际上是许多不一样的个体联合在一起的一个群落。世界上最毒的僧帽水母就是管水母的一种。

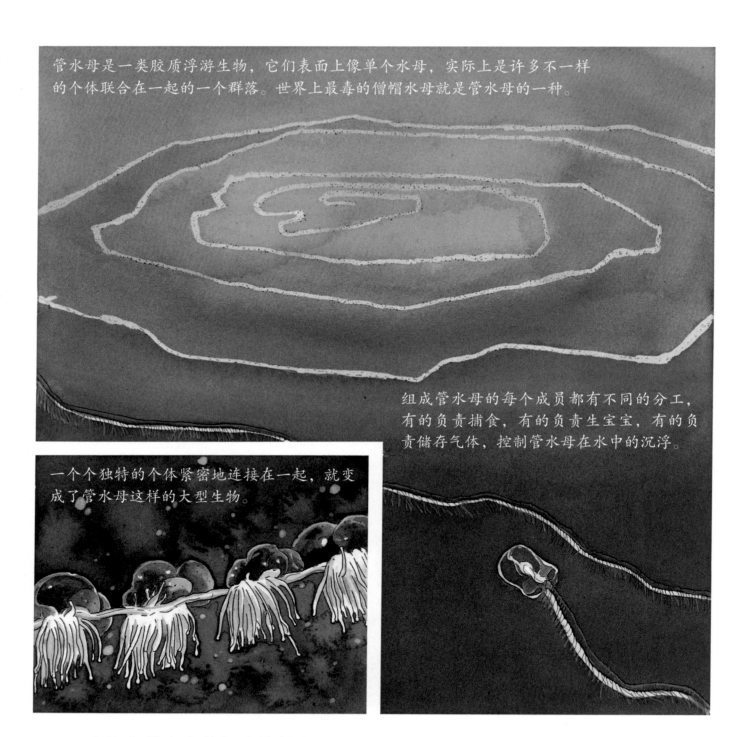

组成管水母的每个成员都有不同的分工，有的负责捕食，有的负责生宝宝，有的负责储存气体，控制管水母在水中的沉浮。

一个个独特的个体紧密地连接在一起，就变成了管水母这样的大型生物。

　　由许多微小个体组成的管水母，可以一圈一圈螺旋排列，像极了蓝色大海中的一个美丽"星系"。目前人类发现的最大的管水母，仅最外面一圈就长达50米，精确测量出它的长度对科学家来说也是一个很大的挑战。

帆水母不是水母，而是水母的近亲。它们捕食鱼卵、幼虫或者小型贝类。像水母一样，它们用触手麻痹猎物，然后拖到中央的空腔内。

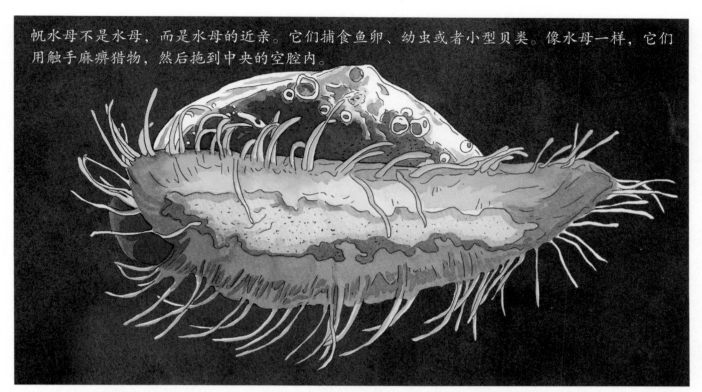

帆水母是许多水螅体组成的群体。由一个营养主体、一群蓝色的触手和负责生宝宝的繁殖体共同生活在一起。

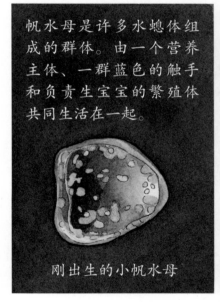

刚出生的小帆水母

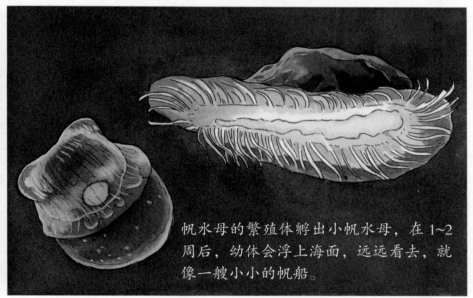

帆水母的繁殖体孵出小帆水母，在1~2周后，幼体会浮上海面，远远看去，就像一艘小小的帆船。

咦，怎么还有在水下行驶的"帆船"？原来这是帆水母。

这些晶莹剔透的蓝色小船，有着三角形的帆，它们随波逐流，在温暖的海域漂游。

奇特的茎叶

美丽的花草

植物的馈赠

不一样的植物

史前动物与身边动物

沙漠动物与水中动物

极地动物与热带动物

地上和地下的动物王国

汽车飞机跑得快

轮船列车肚量大

工程机械好帮手

让一让城市作业车

花样主食和糕点

蔬菜水果要多吃

肉类水产营养多

大豆和调味品的秘密

海洋生物大揭秘

另类海洋生物

海底宝藏探秘

不可捉摸的海洋

奇妙的身体和衣服

身边的科学

物品哪里来

神奇电器仿生学

神奇的地球

善变的地球

地球和恒星

从银河系到宇宙

图书在版编目（CIP）数据

另类海洋生物 / 蓝灯童画著绘 . -- 兰州 : 甘肃科
学技术出版社 , 2021.4
ISBN 978-7-5424-2822-6

Ⅰ . ①另… Ⅱ . ①蓝… Ⅲ . ①海洋生物－普及读物
Ⅳ . ① Q178.53-49

中国版本图书馆 CIP 数据核字 (2021) 第 061706 号

LINGLEI HAIYANG SHENGWU

另类海洋生物

蓝灯童画 著绘

项目团队　星图说

责任编辑　赵　鹏

封面设计　吕宜昌

出　版　甘肃科学技术出版社

社　址　兰州市城关区曹家巷1号新闻出版大厦　730030

网　址　www.gskejipress.com

电　话　0931-8125108 （编辑部）0931-8773237 （发行部）

发　行　甘肃科学技术出版社　　　　印　刷　天津博海升印刷有限公司

开　本　889mm×1082mm　1/16　　　印　张　3.5　字　数　24千

版　次　2021年10月第1版

印　次　2021年10月第1次印刷

书　号　ISBN 978-7-5424-2822-6　　定　价　58.00元